带着 科学 去旅行

中国少年儿童百科全书

昆虫记

梦学堂 编

北京日报出版社

前言

　　孩子喜欢读什么书呢？这是每个家长都会问的问题。一本好看的童书一定是既新颖有趣又色彩丰富，尤其是儿童科普类图书。本套图书根据网络图书平台大数据，筛选了近五年来最热门的科普主题，包括动物、鸟类、昆虫、花草、树木、海洋、人的身体、天气、地球和宇宙十大高价值主题。

　　孩子的想象力既丰富又奇特，他们每天都会提出五花八门、千奇百怪的问题，很多问题连家长也难以解答。这时候就需要一套内容丰富、生动有趣，同时能够解答孩子疑惑的科普读物来帮忙。

　　本套图书采用全新的版式来编排，精美大气的高清彩图配上通俗易懂的文字，既生动亲切又新颖有趣。

　　为了让孩子尽可能地理解、记住抽象深奥的昆虫知识，本书精心设置了"昆虫小档案"板块，将书中最核心的知识归纳总结在上面，相当于老师在课堂上把重点内容写在小黑板上。孩子只要记住"昆虫小档案"里面的知识，就能记住整本书的核心知识。

　　此外，本书还设置了"科学探险队""原来如此！""小秘密！""不可思议！"等丰富有趣的板块，让孩子开心地跟随书中的小主人公一起去探索神奇的昆虫世界。

　　衷心期待本书能在孩子心中播下科学的种子，让孩子健康快乐地成长。

科学探险队

米小乐

不太爱学习的男孩，调皮、贪玩，对各种动物，尤其是海洋动物和昆虫感兴趣，好奇心强。

菲菲

对科学很感兴趣的女孩，学习认真，喜欢各种植物，特别是花草。

袋袋熊

贪吃，憨态可掬，喜欢问问题，特别是关于鸟类和其他小动物的问题。

米小乐：菲菲，咱们这次科学探险，要前往什么地方？

菲　菲：这次咱们的采访对象是昆虫，它们既生活在森林里，也生活在田野、草原上，当然，城市和乡村也有它们的足迹，所以我们要去很多很多地方，任务很艰巨哦！

袋袋熊：没问题，我很喜欢昆虫，特别是蜜蜂！

菲　菲：哈哈，袋袋熊喜欢蜜蜂，是不是因为蜜蜂会酿蜜啊？

米小乐：一定是，袋袋熊最喜欢吃蜂蜜。好啦，时间不多了，赶紧出发吧！

本书的阅读方式

每种昆虫都有着与众不同的生活，它们用第一人称"我"向大家介绍自己。

"科学探险队"与昆虫们亲密接触，在第一现场为大家讲解它们的神奇生活。

用第一人称讲述昆虫的具体生活习性、爱好和生存环境等。

蜻蜓

我是美丽的蜻蜓，喜欢在池塘或河边飞行。天晴的时候，我会飞得很高，天快要下雨的时候，我会飞得很低，所以被称为自然界的"天气预报员"。我喜欢捕食苍蝇、蚊子等，几乎每次都是百发百中，这得益于我头上高度发达的复眼和高超的飞行技巧。

蜻蜓的复眼还有分工呢！上半部分负责看远处，下半部分负责看近处，这样就可以远近兼顾，一览无遗。

昆虫小档案

昆虫纲—蜻蜓目—蜻科
栖息地：热带、亚热带地区
习性：不完全变态昆虫，喜欢潮湿的环境，在水中产卵
食物：苍蝇、蚊子等
本领：飞行、捕食、视觉发达

蜻蜓是怎样捕食的？

蜻蜓：我们有发达的复眼，它们是由多达3万个六边形的微小眼睛组成的，而且每个微小的眼睛都自成系统，都有各自的聚光系统和感觉系统，这让我们可以快速扫视周围的一切，像小雷达一样，敏锐地发现猎物。

一旦发现猎物，我们会迅速扑上去，因为我们的飞行速度极快，根本不会给猎物逃遁的机会。当我们靠近猎物时，就用我们的秘密武器——腿上的尖刺牢牢抓住猎物，然后用锐利的口器撕咬猎物，只需要30分钟我们就能吃完与我们体重相当的猎物。

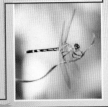

为什么蜻蜓被称为"飞行王者"？

蜻蜓：首先，我们的翅膀薄如蝉翼，最薄处不到2微米，结构极其复杂，主脉呈四边形的网络，次脉由五边形和六边形的网络构成，这种构造使得我们的翅膀更有韧性。更神奇的是，我们的翅膀前缘上方还有深色厚重的翅痣（翅眼），这可以使我们在快速飞行时，避免翅膀发生震颤，导致翅膀折断。

其次，我们不仅可以在空中随时悬停，还可以向任意角度飞行。因为我们的四只翅膀由不同的肌肉进行单独控制，飞行时互不干扰，每只翅膀的运动轨迹各不相同，这可以让我们根据自己的想法随意调整飞行方向。

知识快车！

蜻蜓仿生学

人类通过蜻蜓仿生学发明了很多科技设备。比如，根据复眼的独特结构原理发明了复眼相机，一次可以拍摄几千张重复的照片；模仿蜻蜓翅膀上的翅痣，在飞机的两翼各加一块平衡重锤，防止飞机由于剧烈震动而发生机翼断裂。

"昆虫小档案"总结了每种昆虫的所属门类、栖息地、习性、食物以及本领，是书中的核心知识，方便大家理解和记忆。

"知识快车！"等小板块进一步介绍昆虫的各种冷知识、小秘密，以及预防、捕捉、保护它们的小窍门等。

用第一人称介绍昆虫的各种有趣知识和超凡的本领。

目录

昆虫及其分类   08

蝴蝶   12

蚂蚁   14

蜜蜂   16

胡蜂   18

萤火虫   20

天牛   22

瓢虫   24

蜣螂   26

步行虫   28

吉丁虫   30

龙虱   32

象鼻虫   34

叩头虫   36

苍蝇   38

蚊子   40

蟑螂   42

蝉   44

蝽象   46

蝈蝈   48

蝗虫   50

蜻蜓   52

毛虫   54

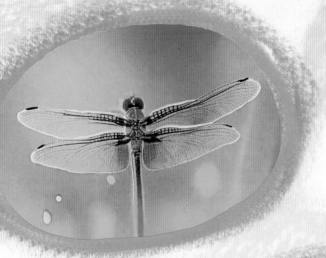

螳螂   56

蠼螋   58

跳蚤   60

竹节虫   62

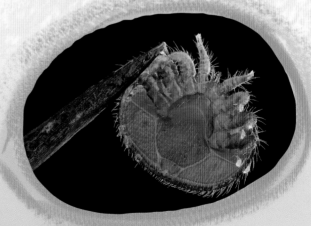

昆虫及其分类

大家对昆虫了解多少呢？美丽的大自然孕育了无数形态各异的昆虫，它们像夜空中的繁星一样多。当我们了解了昆虫的知识，明白了大自然对生命的塑造后，再去欣赏昆虫，就会获得更多的乐趣。首先，让我们先来学习昆虫的基础知识吧！

什么是昆虫？

昆虫的世界非常奇妙有趣，快跟我一起来了解一下吧！

昆虫纲是节肢动物门中最大的一纲，而昆虫是地球上数量最多、分布最广的门类动物，目前人类认知的昆虫已有 100 多万种，但这并不是全部，每年还有大量新的品种被发现。

昆虫的共同特征是，身体分为 3 部分：头部、胸部和腹部，胸部长有 3 对足（"3+3"），这一特征是区别昆虫和其他节肢动物的重要依据。很多昆虫的胸部长有翅膀，头上还长着用于感知的触角。

昆虫分类

类型	特 征	典型代表
鞘翅目	昆虫纲第一大目，通称"甲虫"。该目昆虫前翅角质化，坚硬，无翅脉，称为"鞘翅"	天牛、瓢虫、萤火虫、蜣螂、金龟子等
鳞翅目	昆虫纲第二大目。该目昆虫身体和翅膀上有大量鳞片	蛾类和蝶类
膜翅目	昆虫纲第三大目。该目昆虫翅膜质透明，有嚼吸式口器	蚁、蜂等
双翅目	昆虫纲第四大目。该目昆虫前翅为膜质，后翅退化成"平衡棒"	蚊、蝇、蠓、蚋、虻等
半翅目	有两对翅，前翅为半鞘翅，后翅膜质，有刺吸式口器	蚜虫、蝽象、蝉、介壳虫等
直翅目	前翅稍硬化，称为"覆翅"，后翅膜质	蟋蟀、蝗虫、蝼蛄、螽斯等
广翅目	中大型昆虫，翅展可达 15 厘米，体细长或粗大，咀嚼式口器	泥蛉、齿蛉、鱼蛉三个类群
蜻蜓目	大中型昆虫，两对翅膜质透明，翅多横脉，咀嚼式口器	蜻蜓和豆娘
其他	除上述 8 目外，还有其他一些目	蜉蝣目（蜉蝣）、蜚蠊目（蟑螂）、虱目（体虱）等

蜘蛛是昆虫吗？

蜘蛛：我可不是昆虫，我属于蛛形纲节肢动物。我们蛛形纲和昆虫纲都属于节肢动物。我有8个单眼，4对足，头部有一对锋利的牙齿，腹部还有一个纺织器，能够吐丝结网。

我们蜘蛛有4万余种，遍布全世界，中国目前有记载的将近4000种，体长从0.5毫米到9厘米不等。我们只吃活物，通过结网来捕食昆虫。

我们用两种不同的丝来结网，一种是坚韧的纵丝，用来编网；另一种是有黏性的横丝，用来捕捉猎物。我们在蛛网上行走时，会选择没有黏性的纵丝，这样就不会被粘住了。蛛网对我们非常重要，因为我们的视力很差，只能通过蛛网的振动来判断猎物的大小、位置等，蛛网就相当于我们的"眼睛"。

织好网后，我们就守在僻静的地方。一旦有猎物被网住，我们马上就会赶到，伸出我们的螯肢插入猎物体内，然后分泌毒液使猎物麻痹或死亡，再灌注消化酶，将猎物的内脏和肌肉化成液汁，接着我们就可以大口大口地吸食猎物了。

蜘蛛丝是一种骨蛋白，十分黏细、坚韧且具有弹性，吐出后遇空气会变硬。

昆虫的结构

昆虫的种类繁多、形态各异，但是它们的身体结构却有共同的特征：体表覆盖着几丁质的外骨骼，起保护内脏、支撑身体的作用；身体分为头、胸、腹三部分；一般有2对翅，能飞行；通常有3对足，能爬行。有些昆虫的足特化成跳跃足，使它们能跳跃。

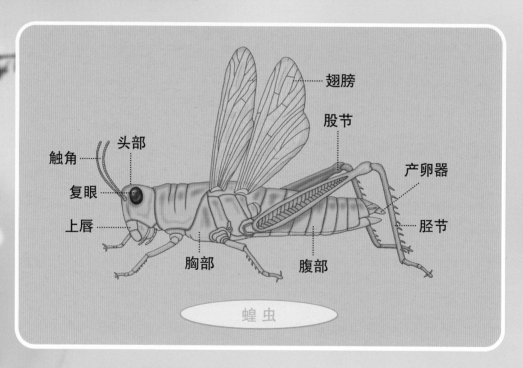

翅膀

股节

产卵器

触角

头部

复眼

上唇

胫节

胸部

腹部

蝗虫

昆虫的复眼

绝大多数昆虫的头部都有单眼和复眼。但是单眼只能感觉光的强弱，不能成像。而复眼则由数量不定的小眼组成，每个小眼都是一个独立的感光单位，可以形成一个像点，众多小眼形成的像点拼合成一幅图像，所以复眼能够成像。

昆虫的繁殖和发育

　　昆虫大多是卵生的，一只昆虫从卵中孵化出来，需要经过变态发育过程。变态发育分为两种，一种是完全变态，另一种是不完全变态（也叫作渐变态）。完全变态分为4个阶段：卵、幼虫、蛹和成虫。蝴蝶、蜜蜂、蚊蝇、甲虫等都属于完全变态。不完全变态没有明显的幼虫阶段，即卵孵化后直接进入若虫阶段，若虫跟成虫很相似，不过在变成成虫之前，必须要经过多次蜕皮。蝗虫、白蚁、蜻蜓、蟑螂等都属于不完全变态昆虫。

现在大家应该了解昆虫的基础知识了吧！那就让我们出发一起去探索昆虫世界的奥秘吧！

蝴蝶的发育过程

蛹

卵

幼虫

成虫

蝴蝶

昆虫纲—鳞翅目—凤蝶总科

栖息地：世界各地

习性：完全变态昆虫，喜欢白天活动，集群，
卵产在寄生的植株上

食物：花蜜、果汁、树液、饴糖等

本领：飞行、羽化

蝴蝶

我是世界上最美丽的昆虫，号称"会飞的花朵"。我的翅膀像彩虹一样漂亮，有着斑斓多彩、绚丽夺目的鳞片。我们蝴蝶家族非常庞大，且种类繁多，共有近2万种。我通常以花蜜为食，每天总是忙忙碌碌地在花丛中飞来飞去。

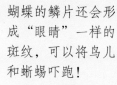

蝴蝶的鳞片还会形成"眼睛"一样的斑纹，可以将鸟儿和蜥蜴吓跑！

蝴蝶的翅膀为什么美丽多彩?

蝴蝶:我们的翅膀上有很多鳞片,它们是由一种叫作几丁质的糖分子构成的。这种小小的晶体叫作螺旋二十四面体,非常精微细致。每一小片鳞片上都分布着这种螺旋二十四面体,它们从小到大呈线形排列,从而让鳞片有了标志性的光泽和颜色。

另外,鳞片表面还有几十上百,甚至上千条横列的脊纹,这些脊纹具有很好的折光性。在阳光的照射下,鳞片会呈现出不同的光芒和色彩,使我们变得光彩夺目、美丽多姿。

蝴蝶和蛾子有什么区别?

蝴蝶:我们和蛾子属于同一目,翅膀上都覆盖着鳞片。我们之间的区别主要有以下 3 点。

1. 体色和翅膀颜色。我们的翅膀大都五彩斑斓,而蛾子的体色和翅膀都比较暗淡。

2. 触角。蛾子的身体上大都有一层密密的绒毛和羽毛状的触角,而我们的触角又细又长,末端呈棒状。

3. 习性。蛾子体形短粗,翅膀短小,它们休息时,通常会将翅膀平展于背部,前翅盖在后翅上。而我们休息时,双翅竖立于背上或不停地扇动。另外,我们白天活动,而蛾子大多夜间活动。

蛾子

蝴蝶

小秘密!

在冬天,有些蝴蝶会通过冬眠的方式来过冬,而有些蝴蝶和候鸟一样,每年春天和秋天都要迁徙。它们每天要飞行 40 多千米,迁徙的场面非常壮观,远远望去遮天蔽日,像一片花的海洋!

蚂蚁

我是一只不引人注意的蚂蚁，在人类眼里非常渺小，甚至微不足道。我每天都在辛勤地劳动，主要是为了寻找食物。我力气不大，只能搬动一点点小东西，遇到大的东西，我常常需要和小伙伴们一起合作来搬运。我的家在地下城堡里，那里生活着数以万计的同胞。我们蚂蚁有非常森严的等级制度。

昆虫小档案

昆虫纲—膜翅目—蚁科
栖息地：世界各地
习性：完全变态和社会性昆虫，分工明确
食物：昆虫、果实、蜜露、真菌等
本领：建筑、搬运、分工合作

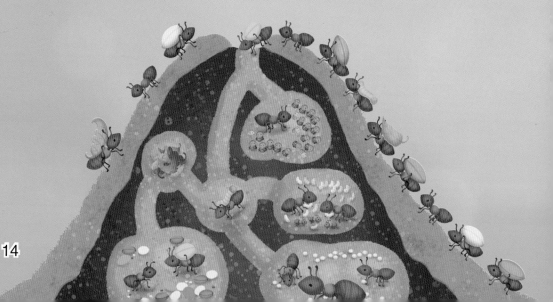

蚂蚁是怎样进行社会分工的？

蚂蚁：我们蚂蚁社会的等级分工制度非常明确严格。从上到下分为蚁后、生殖蚁（雌蚁、雄蚁）、工蚁和兵蚁。

蚁后是我们的最高统治者，体形最大，胸部和生殖器发达，只负责产卵，且一生都住在地下城堡里。生殖蚁是有生殖能力的蚂蚁，身上有翅膀，是我们的"公主""王子"。每年到繁殖季节，生殖蚁都会飞出去，在空中进行交配，交配完成后，雄蚁会因精疲力尽而死去，雌蚁会选择一个合适的地方，开掘蚁穴，繁衍后代。

我们之中工蚁是不发育的雌性，体形最小，数量最多，而且处于社会最底层，负责建造、维护蚁穴，搜寻食物及喂养幼虫和蚁后。兵蚁也是工蚁，只不过体形稍大，负责战斗和保卫家园。

雌蚁交配后，翅膀会脱落，成为新的蚁后。

白蚁是蚂蚁吗？

蚂蚁：白蚁不是蚂蚁，它们属于等翅目白蚁科，是蟑螂的近亲。白蚁和我们蚂蚁的生活习性非常相似，都是社会性昆虫，它们也有严格的等级分工制度，分为蚁后、生殖蚁、工蚁、兵蚁。不过我们之间的区别还是很大的。

首先，我们的体色不一样。我们蚂蚁一般是黑色或褐色，也有红色和黄色，而白蚁通常是淡黄色或淡白色、灰白色。

其次，我们是完全变态昆虫，而白蚁是不完全变态昆虫。

最后，我们是肉食、杂食性动物，而白蚁是素食性动物，主要以木质纤维为食。

小秘密！

蚂蚁是怎样沟通交流的？

蚂蚁通过两种方式来互相沟通，一种是通过分泌一种特殊的化学物质——信息素，让其他蚂蚁闻到。蚂蚁的身体可以分泌不同的信息素，让它们不会迷路。另一种是通过触角互相触碰。

蜜蜂

　　我是美丽、可爱又勤劳的小蜜蜂，每天都要辛勤地采蜜，供我们蜜蜂大家族食用。我们大家族有上万名成员，大家集体住在蜂巢中，地位最高的是蜂王（蜂后），它统治着整个家族，并负责产卵。地位次之的是雄蜂，大约有几百只，它们都是"懒汉"，只负责跟蜂王交配，别的什么都不干。地位最低、最辛苦的是工蜂，负责采蜜、酿蜜、建筑蜂巢、喂养幼虫、清洁环境和保卫家族。

昆虫小档案

昆虫纲—膜翅目—蜜蜂科

栖息地：全世界均有分布，其中热带、亚热带地区最多

习性：完全变态和社会性昆虫，群居，喜欢采蜜

食物：花粉和花蜜

本领：飞行、采蜜、酿蜜、建造蜂巢、传播花粉

蜜蜂是怎样采蜜、酿蜜的？

蜜蜂：我们采蜜之前，首先由工蜂出去打探蜜源。它们回来之后，会先在蜂巢里安静地待一会儿，然后把花蜜慢慢地吐出来，挂在嘴边，由周围的同伴用喙把其吸走。接着便跳起舞蹈，一会儿向左转圈，一会儿向右转圈。如果蜜源很近（100 米以内），就跳圆圈舞；如果蜜源很远，就跳"8"字舞，而且花蜜越多越甜，它们跳得越起劲。

我们在采蜜的时候，把花粉和花蜜存入第二个胃中，回到蜂巢后再吐出来，然后由专门负责酿蜜的工蜂通过它们唾液中的转化酶，将花粉和花蜜转化成葡萄糖和果糖。蜂巢中的温度通常保持在 35℃ 左右，经过一段时间，葡萄糖和果糖中的水分蒸发后，变成水分含量低于 20% 的黏稠液体。我们再用蜂蜡密封，最后就酿成了蜂蜜。

我国人工养殖的蜜蜂主要是中华蜜蜂和意大利蜜蜂。

为什么蜜蜂是世界上最勤劳的动物？

蜜蜂：我们从一出生就开始工作，工作岗位随着日龄的增长而改变。1～3 日龄时，负责保温孵卵，清理产卵房；3～6 日龄时，改为饲喂大幼虫，调剂花粉和蜂蜜；6～12 日龄时，改为分泌蜂王浆，饲喂小幼虫和蜂王；12～18 日龄时，又改为泌蜡造巢，清理蜂箱；18 日龄之后，我们的任务是采集花蜜、水分、花粉、蜂胶及防卫蜂巢。

我们要酿成 1 千克蜂蜜，需要采集 2 千克花蜜，飞行 12 万～15 万次，采集 500 万朵花。以采集半径 1.5 千米计算，需要飞行 45 万千米，等于绕地球赤道飞行 11 圈。

工蜂　　　蜂王　　　雄蜂

小秘密！

蜜蜂有 3 种交流方式：一是信息素，二是舞蹈，三是声和光。蜜蜂身上的腺体能分泌一种化学信息物质，称为信息素，依靠空气和身体接触进行传播。舞蹈是一种行为交流方式，相当于人类的姿势和动作。声和光是一种物理交流方式，声是翅膀振动发出的声音；光是蜜蜂通过单眼和复眼来感受和分析光的反射和偏振。

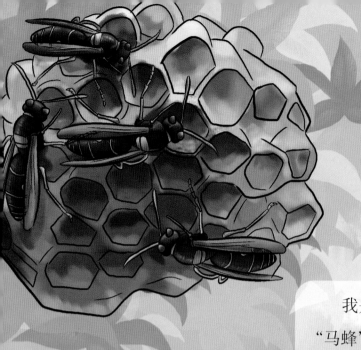

胡蜂

我是让人畏惧的胡蜂，又叫"马蜂""黄蜂"。我肚子上有一根锋利的长毒针，谁要是惹了我，我就立即用毒针刺他，并且把我的伙伴都叫来，群起而攻之。被攻击者下场很惨，轻者浑身肿痛，重者甚至可导致死亡。我不会酿蜜，主要以采食花蜜和捕食其他昆虫为生，有时候也捕食蜜蜂，抢食它们的蜂蜜。

昆虫小档案

昆虫纲—膜翅目—胡蜂科

栖息地：主要分布在温带和热带地区

习性：完全变态昆虫；具有社会性，分工严格；雌蜂蜇人，雄蜂没有毒针，不蜇人

食物：花蜜、蜂蜜、昆虫

本领：飞行、毒刺蜇人、筑巢

亚洲大黄蜂是最厉害的胡蜂之一，几十只亚洲大黄蜂就能杀死一个上万只的蜜蜂蜂群。

胡蜂和蜜蜂有什么区别?

胡蜂:我们和蜜蜂主要有5点区别:1. 蜜蜂以花粉为食,而我们食性复杂,除吸食花蜜外,还捕食毛毛虫、小青虫等;2. 蜜蜂人工饲养的较多,上万只蜜蜂生活在一个蜂箱里;而我们大都是野生的,一个蜂窝里大概只能生活一二百个成员,这也造成了我们比蜜蜂脾气暴躁;3. 蜜蜂的蜂毒呈酸性,而我们的蜂毒呈弱碱性;4. 我们

的蜂巢是由纸浆做成的,而蜜蜂的是蜡质巢;5. 蜜蜂蜇人要付出生命代价,而我们蜇完人只是战斗力减弱了而已。

胡蜂蜇伤人后会怎样?

胡蜂:我们的毒液呈弱碱性,易被酸性溶液中和,而且毒液还有致溶血、出血和神经毒作用,能损害心肌、肾小管和肾小球,尤其易损害近曲肾小管,还会引起过敏反应。

被我们蜇后,皮肤会立刻红肿、疼痛,甚至出现瘀点和皮肤坏死;眼睛被蜇时疼痛剧烈,流泪,红肿,产生角膜溃疡,另外还会出现头晕、头

痛、呕吐、腹痛、腹泻、烦躁不安、血压升高等症状,这些症状一般在数小时,甚至几天后才会消失。

危险警告 ⚠

发现胡蜂窝该怎样办?

1. 千万不要主动惊扰里面的胡蜂,要赶紧悄悄走开,若有帽子,赶紧戴好。2. 千万不要擅自去摘胡蜂窝,应该报告消防部门处理。3. 被蜂群攻击,应尽快用衣物包裹暴露部位,可蹲伏不动,不要迅速奔跑,更不要反复扑打。4. 不幸被蜇,要立即检查蜇伤处,挤出毒液,涂抹酸性水中和毒液,还可涂抹皮炎平等药物。

萤火虫

我是夜晚会发光的萤火虫，我能发出黄色、橙色、红色、绿色等多种颜色的荧光。每到夏天的夜晚，我就会飞出来活动，通常是为了寻找食物，有时也与同伴们交流，或者寻找心爱的伴侣。当我们遇到危险时，会通过腹部的发光器发射光信号来通知其他同伴，同伴们会马上熄灭发光器躲起来。

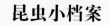

昆虫小档案

昆虫纲—鞘翅目—萤科

栖息地：热带、亚热带和温带地区

习性：完全变态和社会性昆虫，小型甲虫，有陆栖和水栖两种

食物：水栖萤火虫以螺类、贝类为食；陆栖萤火虫以蜗牛、蚯蚓等为食

本领：飞行、发光

萤火虫的发光效率是现代电光源的几倍到几十倍，不过它们的光没有热量，是冷光。

萤火虫为什么会发光?

萤火虫:我们能发光是因为我们腹部有发光器。我们的发光器外面是一层银灰色的透明薄膜,薄膜中含有大量的荧光色素,薄膜内部是数以千计的发光细胞,周围密布着小气管和纤细神经分支,再下面是反光层。发光细胞中的主要物质是荧光素和荧光素酶。

当氧气通过小气管进入发光细胞时,荧光素与氧气结合,在荧光素酶的催化作用下,产生一系列的化学反

应,最后变成会发光的氧化荧光素。同时,我们可以通过脑神经系统来调节呼吸节律,从而控制氧气的供应,这样就会产生"一闪一灭"的光亮了。

萤火虫是怎样捕食的?

萤火虫:我们喜欢吃蜗牛、螺等软体动物。蜗牛的腹足会分泌一种黏液,凡是它爬过的地方都会留下痕迹。我们利用嗅觉就可以找到蜗牛。

捕食的时候,我们先爬上蜗牛的贝壳,用3对足将其紧紧抓住,尾足也牢牢吸附在蜗牛壳上,然后用我们针状的上颚攻击蜗牛的触角并注入麻醉液,直至蜗牛失去知觉。

之后我们在蜗牛的肉上分泌消化液,使肉分解成肉汁,接着用吸管将肉汁吸进肚里。捕食一次,我们可以几天,甚至长达一个月不进食。

原来如此!

萤火虫在成年之前,主要以螺、蜗牛、鼻涕虫等对农作物和森林有害的软体动物为食,所以是益虫。幼虫食量很大,它们需要为成虫期储存营养,因为成虫的口器已经退化,无法再捕食,只能取食少量的花蜜或果实汁液,寿命一般也只有几天,此时成虫唯一的任务就是繁殖后代。

天牛

　　我是美丽的天牛，最明显的特征是头上长着两根长长的触角，其长度超过我身长的2.5倍。我的触角非常有用，可以感知空气的流动、气味及振动。除了长长的触角，我还有锋利的颚，可以啃食树皮。我们天牛种类繁多，全世界有2万多种，其中中国有2000多种，最常见的是星天牛、桑天牛和云斑天牛。

公园里最常危害柏树的是双条杉天牛，它们把幼虫寄生在树皮下面，幼虫可在柏树体内蛀成弯曲不规则的扁平虫道。

天牛：1.我们有肾形的复眼和粗壮结实的长触角。我们的触角通常超过身体的长度。而雌天牛的触角相对短一些。

2.我们用胸部唱歌。除了锯天牛，我们所有天牛的中胸背板都有发音器，与前胸背板摩擦时，胸部会发出"嘎吱嘎吱"的声音。

3.我们有锋利的嘴巴。我们的嘴巴是咀嚼式口器，如果拿一块纸板放在我们嘴边，我们"咔嚓、咔嚓"几下，就把纸板咬破了。我们咬东西的声音很像锯木声，所以又被称为"锯木郎"。

天牛对树木有哪些危害?

天牛：我们对树木的危害主要是在幼虫期。因为我们的幼虫寄生在树干中，而且寿命很长，有的种类长达几十年。成虫的寿命非常短，一般只有几十天，而且主要以花粉、嫩枝、嫩叶、树汁、果实等为食。

我们的幼虫喜欢蛀食树干和树枝，它们最初啃食树皮，随着龄期增大，开始啃食输送营养的木质部，影响树木生长发育，使树势衰弱，导致病菌侵入，也易被风折断。受害严重时，整株死亡，木材被蛀，失去使用价值。

自己动手!

捕捉天牛小妙招

①胶粘法：找一根竹竿，在竹竿头上涂上黏稠的胶，看准天牛所在的位置，用竹竿头上的胶粘住它。胶一定要很黏稠，因为天牛在树干上抓得很牢。

②兜捕法：如果天牛栖息在枝头上，可以用长竹竿捆着纱布网兜，在对准树梢上的天牛后用网兜捕捉，若它受惊起飞，再在空中兜捕。

瓢虫

我是超可爱的瓢虫，俗称"花大姐"，我身体又圆又胖，呈半球形，外壳色彩鲜艳，上面点缀着黑色、黄色或红色的斑点。我体形非常小，只有黄豆粒那么大，可是我的本领并不小，我不仅会飞，还会潜水、游泳，遇到敌害还会放出一股难闻的淡黄色液体，熏跑捕食者。

昆虫小档案

昆虫纲—鞘翅目—瓢甲科

栖息地：全世界广泛分布

习性：完全变态小型甲虫；集群，冬眠；喜欢在蚜虫和介壳虫寄生的植物上活动

食物：植物嫩叶、蚜虫、叶螨、真菌等

本领：飞行、潜水、游泳、释放难闻气味、假死

为什么瓢虫被称为"活农药"？

瓢虫：我们是著名的害虫天敌，喜欢捕食麦蚜、棉蚜、槐蚜、桃蚜、介壳虫、壁虱等害虫，对农作物的生长非常有利。

蚜虫是农作物上最常见的害虫，其成虫、幼虫均能以刺吸式口器在植物上吸食汁液，不仅会使植物生长受阻、枯萎，还会传播植物疾病，给农作物造成很大的危害和损失。

此外，蚜虫分泌的蜜露太多，还会引发植物的煤烟病，进而影响植物的光合作用。

我们瓢虫一天可捕食130多只蚜虫，一生（平均寿命80天左右）可捕食上万只蚜虫，因此常被农民伯伯投放到田间来消灭农作物的害虫。

七星瓢虫不仅是捕虫小能手，还是非分明，它们从不与瓢虫中的害虫"通婚"！

瓢虫的翅膀有什么奥秘？

瓢虫：我们的翅膀比身体长2～3倍，而且有里外两层，外层是有斑点的鞘翅，像盔甲一样坚硬，主要用来保护里面的翅膀；里层是用于飞行的软膜状翅膀，非常轻薄。

我们可以自如地开合翅膀，并且在飞行中保持翅膀的力量和硬度。由于外层鞘翅的遮挡，人们看不到里层翅膀变换动作的过程。其实我们的鞘

翅与内翅是相连的，如果摘除了鞘翅，内翅就不能完成开合动作了。内翅脉络呈弯曲形状，可以支撑和收拢翅膀。

小窍门！

想知道哪些瓢虫是益虫，哪些是害虫吗？可以通过它们身上的斑点数量来确定。比如，十一星瓢虫、二十八星瓢虫都是害虫，而二星瓢虫、六星瓢虫、七星瓢虫、十二星瓢虫及十三星瓢虫等都是益虫。

蜣螂

　　嗨！大家好，我是喜欢推粪球的蜣螂（qiāng láng），俗称"屎壳郎"。我力气非常大，可以推动超过自身体重上千倍的东西，是动物界赫赫有名的"大力士"，连蚂蚁也比不过我。我以粪便为食，整天到处寻找粪便，然后把它们堆积成球，推到我家中，让我的家人享用。别以为粪便很臭，没什么营养，其实粪便里有非常丰富的营养物质，比如未完全消化的蛋白质、脂肪、维生素和矿物质。

昆虫小档案

昆虫纲—鞘翅目—金龟甲科
栖息地：除南极之外全世界都有
习性：完全变态食腐性昆虫，喜欢推粪球，有一定趋光性
食物：粪便
本领：飞行、力气大、嗅觉敏锐、利用月光偏振现象进行定位

蜣螂为什么喜欢推粪球？

蜣螂：人类以食为天，而我们以粪为天。对我们蜣螂来说，粪便是最重要、最珍贵的财富。它们不仅是我们的食物，还是我们繁衍后代的温室。我们通常把卵产在粪球里，几天后，我们的孩子就会孵化出来，然后它们就以粪便为食，一直吃到成年。

另外，粪球也是我们求偶的礼物。如果一只雄蜣螂推着一个巨大圆滚的粪球，那在雌蜣螂眼中就是一笔巨大的财富，看上这笔财富的雌蜣螂会跳上粪球，"富有"的雄蜣螂就会从中挑选一位作为自己的情侣，然后它们就会一起挖洞，把粪球塞进洞里，埋好后，雌蜣螂就会在粪球里产卵。

蜣螂是大自然的"清洁工"，一只蜣螂一天可以清理超过自身体重250倍的粪便。

蜣螂能飞吗？

蜣螂：我们当然能飞。我们的前翅是鞘翅，非常坚硬，圆鼓鼓的，像黑色的盔甲一样覆盖在身上，前翅上面还有七道醒目的纵线。我们的后翅长在前翅下面，是膜质的短翅，为黄色或黄棕色。

一到成年，我们蜣螂就会爬出粪球，然后飞出去寻找食物。我们嗅觉非常敏锐，一旦嗅到粪便的气味，就会沿着气味一路飞行追赶，追上目标后，我们就落下来，扑向目标堆积粪球。

超厉害！

有超能力的"天文小达人"

推粪球对蜣螂来说是一项技术活，前途坎坷，未知变数多，一步踏错便会功亏一篑，所以它们就会尽量选择最短的距离——直线。为什么蜣螂能够选择最短的距离呢？原来它们拥有超级先进的"GPS导航系统"，可以利用太阳、月亮的偏振光，甚至是银河进行定位。

步行虫还有个绰号叫"傍不肯"，意思是它旁边容不得害虫，只要有害虫就统统消灭掉。

步行虫

我是大名鼎鼎的步行虫，一种肉食的甲虫，也叫步甲虫。我最大的特征是有6条又细又长的腿，身上还披着闪光的黑色或褐色的鞘翅，我后面的翅膀已经退化，不擅长飞行。我喜欢在地上活动，用尖而带钩的口器捕食，主要捕食害虫。遇到敌害，我会喷出有毒的液体，使敌害知难而退。

步行虫的盔甲有什么用？

步行虫：我们的盔甲虽然长在身体表面，却不是皮肤，而是长在身体外部的骨骼，简称"外骨骼"。这种外骨骼是所有昆虫共有的特征，只是我们甲虫的外骨骼更加坚硬。

我们的盔甲有很多用处。首先，它能够阻止体内水分过量蒸发，同时能阻止外部水分的侵入。

其次，能防止病原微生物、杀虫药剂及其他有害物质的侵害。

最后，更重要的是，我们的盔甲可以保护我们的身体，就像甲胄包身、刀枪不入的武士。

伪步行虫和步行虫有什么区别？

步行虫：伪步行虫又称为"拟步行虫"，它们经常被误认为是步行虫，尤其是对甲虫不太了解的人，而且夜晚在光线不明亮时更容易错认。

伪步行虫的外观和我们步行虫很像，但是我们分属不同的科，伪步行虫属于伪步甲科，我们是步甲科，亲缘关系并不密切。伪步行虫的体形为椭圆形或长椭圆形，身材比我们步行

虫粗短、浑厚，也没有明显的脖子与腰身，触角较短且多样化。

没想到吧！

会放臭屁的步行虫

投弹步行虫的肛门有一个小囊，遇到敌害会喷出有毒液体。有趣的是，这种液体遇到空气会汽化，变成刺鼻的臭味，并伴随着响亮的声音，足以吓退胆小的敌人。

吉丁虫

我是世界上色彩最绚丽的昆虫之一，被称为"飞翔的宝石""彩虹之眼"。我的美丽主要源于我的翅膀，因为它们具有五彩斑斓的金属光泽，像宝石一样华丽。更奇妙的是，从不同角度观看这种金属光泽，还会呈现出不同的色彩。正是这个原因，我被人类用来制作各种装饰品。

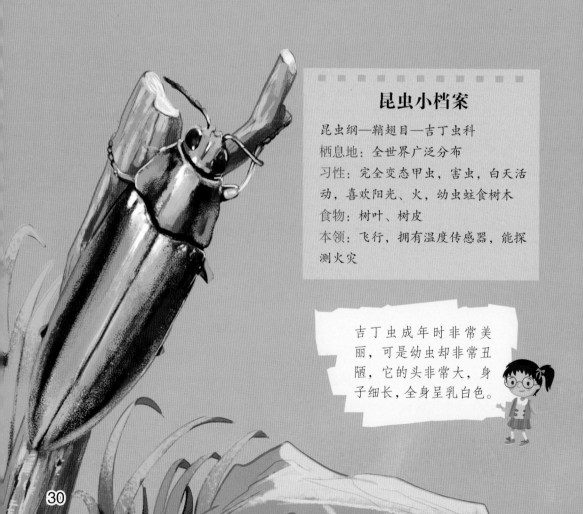

昆虫小档案

昆虫纲—鞘翅目—吉丁虫科

栖息地：全世界广泛分布

习性：完全变态甲虫，害虫，白天活动，喜欢阳光、火，幼虫蛀食树木

食物：树叶、树皮

本领：飞行，拥有温度传感器，能探测火灾

吉丁虫成年时非常美丽，可是幼虫却非常丑陋，它的头非常大，身子细长，全身呈乳白色。

为什么吉丁虫是美丽的树木杀手?

吉丁虫:在人类眼里,我们虽然长得很美丽,却是不折不扣的害虫,因为我们危害树木。

其实,我们的成虫主要以树叶为食,对树木的危害并不是很大,对树木危害最大的是我们的幼虫。因为我们的幼虫生长在树皮里面,以蛀食树皮为生,严重的时候,甚至会使树皮爆裂,所以我们也叫"爆皮虫"。

吉丁虫的美丽色彩是保护色吗?

吉丁虫:是的。我们的体形通常和所吃的树叶形状类似,而且树叶朝向太阳的那一面非常光滑,会反射光芒。当鸟类从上而下俯视时,反射着阳光的树叶与反射着阳光的我们几乎没什么区别,并且我们的外壳也会随着观看的角度不同而呈现出不同的颜色,可以完美地和环境融为一体。

另外,我们的鞘翅通常是黑色的,可以将美丽的体色遮盖,只有在飞翔时或从腹部才能看到,当我们停在树枝上,就变成了树枝上一个暗黑色的隆起,这样原本追捕我们的捕食者就可能辨认不出来了。

不可思议!

松黑木吉丁是一种非常勇敢的甲虫,大多数动物都怕火,可是它们却非常喜欢火,因为它们的卵只有在烧过的树枝上才能孵化。松黑木吉丁胸部有两个微小的颊窝,每个颊窝都有大约70个感应单元,能探测长波红外线,感知到20多千米以外的火灾,及时把卵产在烧过的树枝上。

龙虱

昆虫小档案

昆虫纲—鞘翅目—龙虱科

栖息地：世界各地的池塘、沼泽、水沟等淡水水域

习性：完全变态水生昆虫，益虫，喜欢水中活动，喜温暖、畏强光

食物：水中的昆虫、水草、腐尸、小鱼、小虾、蝌蚪等

本领：潜水、游泳、飞行

我是号称"水下杀手"的龙虱，俗名黑壳虫、水龟子、水鳖虫、射尿龟等。我擅长潜水猎杀水中的昆虫、小鱼、小虾、蝌蚪等。我的样子一点儿都不威风，圆鼓鼓的身体，短小的两对前足和一对很长的后足，看起来有点儿萌。不过千万不要以貌取虫，我可是凶猛贪婪的肉食性昆虫，甚至还会咬人，碰到我千万要小心！

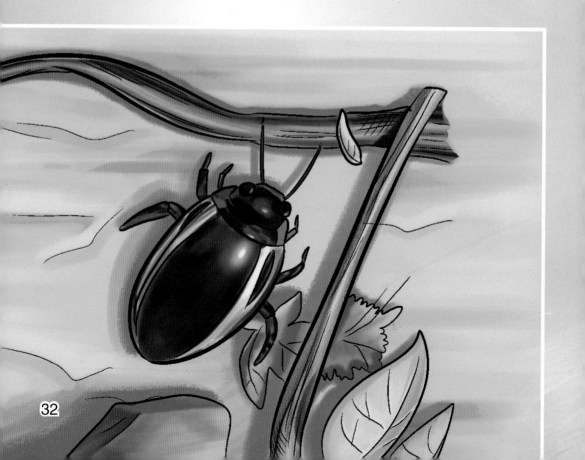

龙虱为什么擅长潜水、游泳?

龙虱:我的祖先原本生活在陆地上,后来由于地壳变动,不得不迁移到水中生活,于是慢慢地变成了水生昆虫。

我的前足短小,后足又粗又长,上面还长满了刚毛,在水中张开时,就像船桨一样,能帮助我有效地划水。我的鞘翅下面还有一个储气囊,它像鱼鳃一样,可以帮助我呼吸。

当我潜到水深的地方,储气囊中的氧气快用完时,我就会停在水底植物上,微微翘起后足,从储气囊中挤出二氧化碳,同时从水中吸收氧气。

龙虱把储气囊中的二氧化碳排出后,由于水下压力很强,可以把水中富含的氧气压进气囊中。

龙虱在水中是怎样生活的?

龙虱:我们通常把卵产在粗大的水草叶子上,卵孵化后成为幼虫,俗称"水蜈蚣"。

我们的孩子既可以沿着水底爬行,也可以用长有刚毛的腿来划水游泳,它们的腿很长,有利于划水。我们的孩子尾部还长有长长的呼吸管,就像人类潜水时戴的面具通气管一样,能伸出水面,进行空气交换。

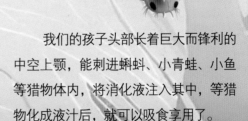

我们的孩子头部长着巨大而锋利的中空上颚,能刺进蝌蚪、小青蛙、小鱼等猎物体内,将消化液注入其中,等猎物化成液汁后,就可以吸食享用了。

没想到吧!

超级美食

龙虱是可药食两用的昆虫,有"水中人参"的美誉,不仅能降低胆固醇,预防高血压、肥胖病,美容美白,还是不可多得的美食。它味道鲜美,可炸、可煎、可烤,烤煎调味后,松脆可口,深受人们的喜爱。

象鼻虫

　　我是大名鼎鼎的象鼻虫，身上最显著的特征是长着象鼻似的嘴巴（口器），名字也来源于此。我们象鼻虫家族是鞘翅目昆虫中最大的一科，也是昆虫王国中种类最多的一种，全世界已知的种类超过6万种，其中中国就高达6000多种。我们体长0.1～10厘米，性情迟钝，行动迟缓。

昆虫小档案

昆虫纲—鞘翅目—象鼻虫科

栖息地：世界各地，原产于中美洲

习性：完全变态昆虫，害虫，性情迟钝，行动迟缓，卵产于土内或寄生于植物上

食物：植物的花粉、茎、根、叶、嫩枝、嫩芽

本领：飞行、头部可360°旋转、装死

雄性象鼻虫的嘴巴比雌性象鼻虫的嘴巴稍短些，昆虫学家常常根据这一点来鉴别其性别。

象鼻虫的长嘴巴有什么用途?

象鼻虫:我们的长嘴巴有 3 种用途。1. 咀嚼食物。我们的食物主要是花粉,当肚子饿的时候,就将自己长长的嘴巴伸进花蕊中,贪婪地吸吮甜蜜的花粉。

2. 挖掘植物的根茎和种子。我们利用长而坚硬的嘴巴挖掘地底的种子和植物的根茎,从而品尝美味的食物。

3. 打洞。我们雌性象鼻虫在产卵时会用细长而坚硬的嘴巴先在植物表面或土里钻一个细长的管洞,然后将卵产在洞里。幼虫孵化后,也可用它们细长而坚硬的嘴巴在植物内部或土里穿梭取食。

象鼻虫为什么是害虫?

象鼻虫:我们是植食性昆虫,无论是成虫还是幼虫,都吃植物。这就不可避免地会危害人类的农作物和树木。

生活在棉花田里的象鼻虫,会吃棉花的芽和棉桃,并在棉花上产卵,孵化出的幼虫头部特别发达,能在棉花的茎内或棉桃中蛀食,给棉花带来危害;生活在水稻田里的象鼻虫,成虫会蚕食稻叶和秧苗,幼虫会蛀食稻根;生活在松林里的象鼻虫,成虫会咬食树干的韧皮部,造成块状疤痕,并流出大量的松脂,如果疤痕过多,梢头就会枯死。

真有趣!

象鼻虫脾气温和,不具有攻击性,遇到敌害时会自动缩成一团,肌肉高度紧缩,呈假死状态。敌害看到猎物已经死掉,便失去了捕猎的兴趣。等到敌害走后,警报解除,象鼻虫就会伸直身子,恢复常态,慢悠悠地走回家。

叩头虫

我是小小的叩头虫，听到我的名字，你一定以为我是没骨气、喜欢"磕头"的虫子。其实根本不是这样。我只有遇到危险急着逃跑时才会"磕头"，这是我的自救方式。我不擅长飞行，通常在地上爬行。遇到敌害时，通过装死或跳跃来逃跑。我跳得可高了，能跳将近40厘米高，是我身长的50多倍！

昆虫小档案

昆虫纲—鞘翅目—叩甲总科

栖息地：世界各地

习性：完全变态昆虫，害虫，喜欢单独活动，幼虫危害农作物的根、种子、块茎

食物：植物叶子、嫩芽、根、种子、块茎等

本领：跳跃、磕头、装死

叩头虫为什么会"磕头"？

叩头虫：其实我们不是在"磕头"，而是在挣扎，这是我们遇到危险时的一种自救方式。

我们的前胸背板与鞘翅基部有一条横缝（下凹），这使得我们的前胸背板可以前后活动，而在前胸腹板中间靠后的位置有一个突出的刺状物体。每当我们的头胸向腹部弯曲时，那个突出的部位正好能够插入中胸腹部前缘的沟槽当中，于是突出体再从沟槽中弹出的时候，就会发出"咔咔"的响声，好像"磕头"的声音。

叩头虫的这种"合页"构造非常神奇，当它背朝下躺着的时候，可以跳跃。

自己动手！

叩头虫非常有趣，相信很多小朋友都想玩。那么可以在放暑假时，和小伙伴们一起到美丽的大自然中捕捉叩头虫。

捕捉方法 ①：在田野里，翻开草堆寻找和捕捉，一般苜蓿地里比较多，可以多去翻动寻找捕捉。

捕捉方法 ②：晚上点亮一盏灯，越亮越好，叩头虫喜欢光，会在灯光下飞舞，这时可用装了手柄的网兜来捕捉。

玩法：叩头比赛

用拇指和食指轻轻捏着它的后腹部和鞘翅端部，注意千万不能过于用力，否则会将它捏死，将它的头部朝向自己，使其在桌子上不断叩头。体格强健的叩头虫可以一连叩上几十次，而且叩击力度很大，声音很响。

如果有 2 ~ 4 个小伙伴，可以进行比赛，有 2 种比赛方式：一是比赛叩头的力度，看谁的叩头虫叩击声响大；二是比连续叩击的次数，多者为胜。

苍蝇

　　我是人人讨厌的苍蝇，是公认的"四大害虫"之一，其他三个分别是蚊子、蟑螂和老鼠。由于我经常出现在脏乱的地方，浑身携带大量的病菌，导致人类和牲畜经常生病，被人类深恶痛绝。所以人类发明了各种杀虫剂来消灭我们，可是都没能如愿，因为我们苍蝇繁殖能力超强，而且分布广泛。

昆虫小档案

昆虫纲—双翅目—蝇科

栖息地：世界各地

习性：完全变态昆虫，喜欢白天活动，经常出现在脏乱之地，有趋光性，喜欢"搓手"

食物：花蜜、植物汁液、血液、生活垃圾等

本领：飞行、繁殖能力强、抗病菌能力强

为什么苍蝇携带大量病菌却不生病？

苍蝇：这主要是因为病菌无法在我们的消化道内长时间存活的缘故。我们进食时虽然也会吃进对自己不利的细菌，但是会"边吃边吐"，每分钟排泄多达 4 ~ 5 次，这就可以将体内的细菌迅速排出。

遇到繁殖快的细菌时，我们的免疫系统会发射两种球蛋白，这两种球蛋白只要与细菌接触，就会发生"爆炸"，与细菌"同归于尽"。

苍蝇的这两种球蛋白比人类发明的青霉素强千百倍，如果能用于人类，那将是人类的福音。

苍蝇为什么喜欢"搓手"？

苍蝇：我们的味觉器官不是像人类那样长在头上，而是长在足上。当我们飞到食物上，得先用足上的味觉器官去品一品味道，然后再用嘴吃。

我们非常贪吃，见到任何食物都要尝一尝，而且喜欢到处乱飞，这样一来，足上就会沾满各种食物，既不利于飞行，也不利于品尝食物。所以必须经常"搓手"，把脏东西清除。

另外，在我们苍蝇界，会"搓手"而且搓得快的雌性苍蝇才迷人。每到繁殖的季节，雌性苍蝇就会通过"搓手"来释放自己的性信息素。

当遇到雄性苍蝇时，它们便会通过加快"搓手"速度来吸引雄性与其交配。

真奇妙！

苍蝇的足上长着肉垫，当它的足贴在平面上时，肉垫和平面之间会形成真空，这样就会被牢牢吸住，所以苍蝇无论是在光滑的玻璃上爬行，还是在天花板上爬行，都不会掉下来。

蚊子

　　我是令人讨厌的蚊子，和苍蝇一样是公认的"四大害虫"之一。我对人类的主要危害是给人类带来各种疾病，而且还会吸人类的血。不过不是所有的蚊子都吸血，只有雌蚊才吸血，因为它们需要通过摄取血液中的蛋白质来促进卵巢的发育，否则将无法繁衍后代。

昆虫小档案

昆虫纲—双翅目—蚊科
栖息地：世界各地
习性：完全变态昆虫，多数喜欢黄昏和夜间活动，雌蚊喜欢吸血，雄蚊吸食植物汁液
食物：花蜜、植物汁液、血液等
本领：飞行、吸血、冬眠、超强的感知能力

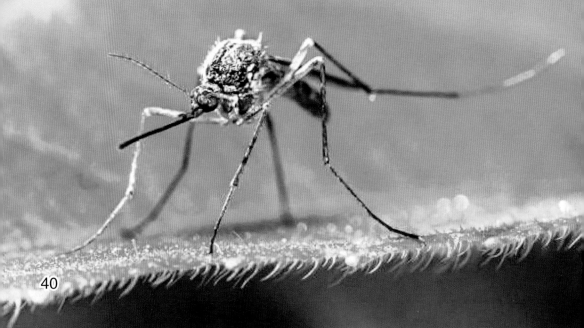

蚊子为什么被称为"全能飞行家"？

蚊子：我非常擅长飞行，有一套神出鬼没的飞行绝技。

首先，我的身体非常轻盈，有一对较大的复眼和一对发达的前翅，后翅退化成了一对短小的"平衡棒"，翅膀、腿和触角向四面八方伸出，就像无人机一样。我的飞行"发动机"是身体中部的特殊翼肌，它能以非常快的速度自动收缩，一旦开动，每秒钟翅振可达 250 ~ 600 次，是任何一种飞行动物都赶不上的。

正是有这样的优秀天赋才使我的飞行本领变得非常高超。我可以回旋、翻筋斗、侧飞、倒飞和侧转飞，也可以突然加速和减速，所以被称为"全能飞行家"。有的蚊子甚至能够在雨中飞行，而翅膀不湿。

蚊子的"平衡棒"使其能保持稳定飞行姿态，而且能以任意姿势转向、悬停。

蚊子在夜里是怎样找到目标并吸血的？

蚊子：在我们的触角上分布着很多感觉毛，每根感觉毛上都密集排列着圆形或椭圆形的细孔。在夜里，我们可以凭着这种传感器感知空气中人体所散发出来的二氧化碳，并在 0.001 秒内做出反应，准确、敏捷地飞到目标那里。

吸血前，我们先将含有抗凝素的唾液注入目标皮下，与血液混合，使血液变成不会凝结的稀薄血浆。然后，我们再吐出隔夜未消化的陈血，吮吸新鲜血液。

真可怕！

投毒高手

蚊子可传播多达 80 种疾病。比如，登革热、疟疾、淋巴丝虫病、黄热病、流行性乙型脑炎等，是地球上对人类危害最大的动物！全世界每年死于疟疾的人高达几十万，甚至上百万，而登革热的致死率在 15% ~ 50%，流行性乙型脑炎主要伤害儿童。

蟑螂

　　我是人人讨厌、人人恶心的蟑螂，俗名叫"小强"，是非常古老的动物，早在3.5亿年前就出现在了地球上，比恐龙还要早呢。我的繁殖能力超强，每隔7~10天就产一次卵，一次可产14~40颗卵，一年就可以繁殖上万个后代。我被人类讨厌的原因是乱丢垃圾，随便排泄，传播各种疾病。

昆虫小档案

昆虫纲—蜚蠊目—蜚蠊科

栖息地：热带、亚热带的室内和室外

习性：不完全变态昆虫，不善飞行，善疾走，喜欢温暖、潮湿、食物丰富的环境，怕光、喜暗

食物：几乎什么都吃，最喜欢吃香、甜、油的面制食品

本领：繁殖能力强，生命力顽强，跑得快，会缩骨，触觉、嗅觉、味觉灵敏

蟑螂为什么被称为"打不死的小强"？

蟑螂：我们曾经历了几次生物大灭绝，是地球上"进化最成功的动物"之一，具有顽强的生命力。

1. 繁殖能力强。我们 10 对雌雄蟑螂 7 个月就可以繁殖 5 万多只后代，因为我们的卵被保护在坚硬又防水的卵鞘里，所以可以在不同的环境下生长发育；而且雌蟑螂一生只交配一次，就可以无限繁殖。

2. 抗压能力强。我们能够承受超过自身体重 900 倍的压力。这就是我们为什么总是拍不死的缘故。

3. 存活能力强。即使没有头，我们也可以存活几十天，因为我们有梯状神经系统，头、胸、腹 3 个节点，每个节点都是一个"脑"，头掉之后，其他部分的神经系统可以照样正常工作。

蟑螂的生命周期只有 180 天，但是它们可以在不进食只喝水的情况下存活 90 天左右！

蟑螂都会飞吗？

蟑螂：我们不擅长飞行，但擅长短跑。因为我们的前翅已经革质化了，很硬，只具有保护作用，不过我们的后翅质薄，适于飞行。我们的幼虫没有翅膀，无法飞行，怀孕的雌虫由于身体太重，也不能飞行。

美洲大蠊翅膀发育良好，可以飞行很长一段距离；棕带蟑螂雄性能飞，雌性不能飞，东方蟑螂也是这样。

防治蟑螂的妙招是保持室内环境清洁卫生，垃圾每天倒一次，而且不要在床上吃东西！

超厉害！

神奇的缩骨术

蟑螂可以到处流窜，无孔不入，这是因为它们拥有神奇的缩骨术。蟑螂可以将身体压扁成原来的 1/3，轻松通过宽度只有身高 1/4 的窄缝，而且动作奇快。科学家根据蟑螂的这种缩骨术，研发出了蟑螂机器人，可以用于地震等灾难的搜救工作。

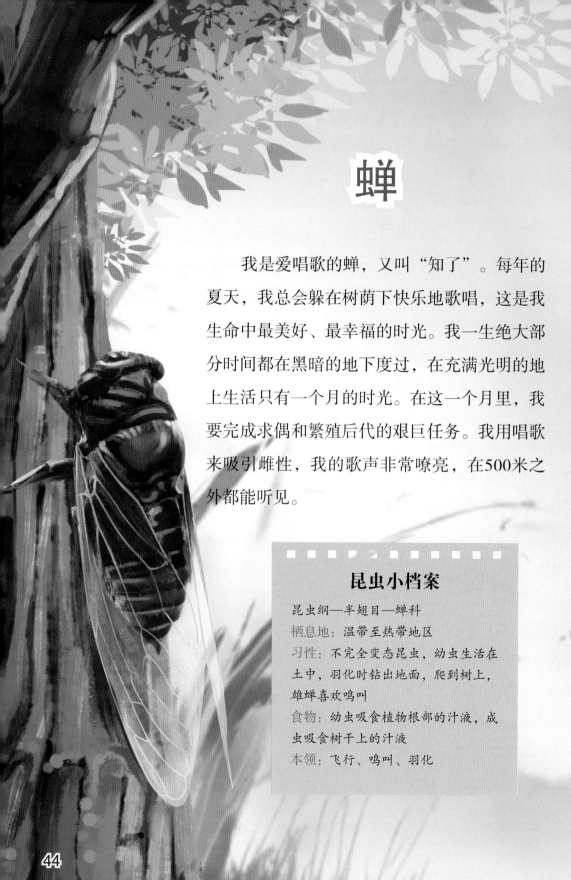

蝉

　　我是爱唱歌的蝉，又叫"知了"。每年的夏天，我总会躲在树荫下快乐地歌唱，这是我生命中最美好、最幸福的时光。我一生绝大部分时间都在黑暗的地下度过，在充满光明的地上生活只有一个月的时光。在这一个月里，我要完成求偶和繁殖后代的艰巨任务。我用唱歌来吸引雌性，我的歌声非常嘹亮，在500米之外都能听见。

昆虫小档案

昆虫纲—半翅目—蝉科

栖息地：温带至热带地区

习性：不完全变态昆虫，幼虫生活在土中，羽化时钻出地面，爬到树上，雄蝉喜欢鸣叫

食物：幼虫吸食植物根部的汁液，成虫吸食树干上的汁液

本领：飞行、鸣叫、羽化

蝉为什么喜欢唱歌？

蝉：我们唱歌是为了求偶，只有卖力地唱歌才能吸引异性，获得繁育后代的伴侣。只有雄蝉会唱歌，雌蝉的发声器构造发育不完全，无法发声。

我们不是用嘴而是用腹部两侧的发声器唱歌，在我们的腹部两侧各有一片巨大的半圆形盖片，盖片下面有一个很大的空腔，中间隔着一层黄色的乳状膜，空腔底部有一层像肥皂泡一样的红色薄膜。

我们唱歌时，薄膜会不断地振动，肚子一鼓，盖子就会张开，声音就会变大；肚子一缩，盖子就会合上，声音就会变得低沉沙哑。我们就是这样通过控制腹部的收缩和急速的摆动，以及牵引薄膜来唱歌的。

蝉的发声器就像蒙着一层鼓膜的大鼓，鼓膜受到振动从而发出声音。

蝉是怎样生长繁殖的？

蝉：我们通常在秋季产卵，雌蝉产卵时，会将尾部尖尖的产卵管插入树中，直到第二年的夏天幼虫才会孵出。

幼虫孵出后，会先掉落到地上，然后钻进土里。它们要在土里生活几年甚至十几年才能破土而出。其间要经历多次的脱壳才能变成成虫。

幼虫即将羽化时，会在黄昏时钻出地面，爬到树上。羽化时，幼虫背上会出现一条黑色的裂缝，之后头先钻出来，接着露出绿色的身体和褶皱的翅膀，停留片刻翅膀变硬，颜色变深，然后开始起飞。整个过程大约需要一个小时。

原来如此！

蝉靠吸吮树上的汁液生存，这会使它的体重增加。遇到敌人袭击时，它必须把体内的液体排出，减轻体重，才能迅速起飞，逃避敌害。

蝽象

　　我是"臭名昭著"的蝽象，又叫放屁虫、臭大姐、臭屁虫。我遇到危险时会释放非常难闻的臭气，使敌害"闻"之色变。我经常危害农作物，是不折不扣的害虫，所以在人类社会"臭名远扬"。我们蝽象种类非常多，全世界有3万多种，其中中国有3000多种，常见的主要有稻黑蝽、稻褐蝽、稻绿蝽、稻小赤曼蝽等。

昆虫小档案

昆虫纲—半翅目—蝽科

栖息地：世界各地广泛分布

习性：不完全变态昆虫，植食性，寄生在农作物上

食物：农作物的果实、嫩枝、幼茎和叶片

本领：飞行、释放臭气

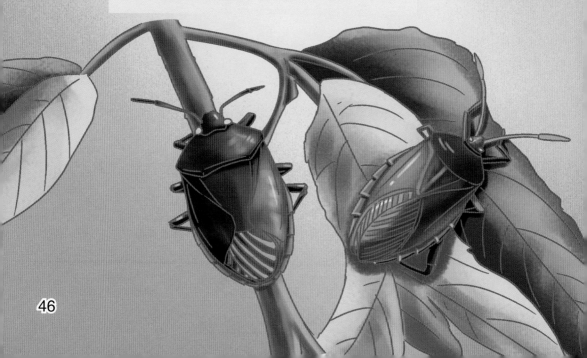

蝽象为什么特别臭？

蝽象：我特别臭是因为我会释放臭气。当安全受到威胁时，我会从尾部喷射出一股青烟，随着"噼啪"之声，散发出阵阵难闻的臭气，令敌害"闻"风而退，而我则从容逃命。

我体内臭气的主要成分是对苯二酚和过氧化氢，当这些成分在我的腔室内经过氧化酶的氧化后，会生成苯二酮气体。遇到紧急情况，我可以像开炮似的将它排出体外，不仅可以打退敌害，保护自身安全，还可以作为信号通知其他同伴"集合"或"分散"。

蝽象真不愧是昆虫界的"臭气专家"！

蝽象有哪些危害？

蝽象：我们蝽象也不全是害虫，也有一部分是益虫。比如，肉食性的蝽象种类。

植食性的蝽象以吸食植物茎叶或果实的汁液为生，不可避免地会对农作物造成损害，如稻绿蝽、稻黑蝽、稻褐蝽等可造成水稻减产；荔蝽、硕蝽、麻皮蝽、茶翅蝽等可祸害果树；菜蝽、短角瓜蝽、细角瓜蝽等可祸害瓜、菜。

肉食性的蝽象主要以捕食其他昆虫为生，如花蝽以捕食蚜虫、蚧虫、粉虱等为生。因此，我们蝽象既是人类的害虫，也是人类的益虫，不能一概而论。

知识快车！

蝽象家族中有一些种类喜欢生活在水中，如负子蝽，它们以水中的小鱼、小虾为食，性情凶猛，能捕捉比自己身体更大的鱼，被称为"水中霸王"。但是这种凶猛的昆虫也有温柔的一面，雄性负子蝽背上经常背着成堆的卵粒，像个贴心的奶爸。

蝈蝈

　　我是深受人类喜爱的蝈（guō）蝈，又叫"哥哥""蛞（kuò）蛞"，被誉为昆虫界的"音乐家"。我擅长唱歌，能发出各种不同的声音，有的高亢洪亮，有的低沉婉转，有的清丽自然，给美丽的大自然增添了无限的乐趣。我的外形和蝗虫很像，体色通常是翠绿色的，也有淡褐色、红褐色、青黑色等其他颜色的蝈蝈。

昆虫小档案

昆虫纲—直翅目—螽斯科

栖息地：主要生活在我国北方田野里

习性：不完全变态昆虫，喜欢鸣叫

食物：绿色植物、害虫

本领：跳跃、鸣叫、羽化

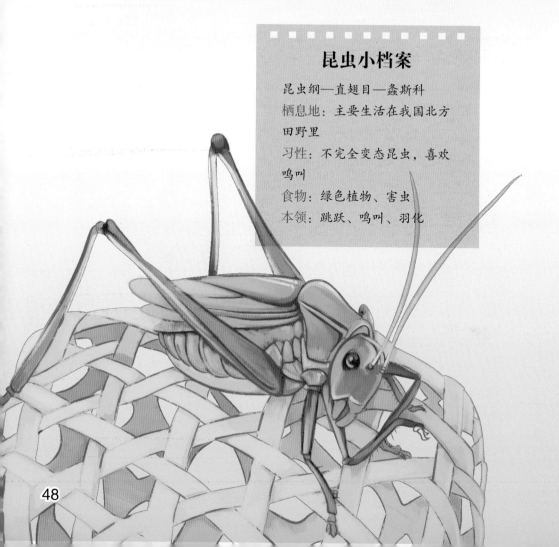

为什么蝈蝈能发出美妙的声音?

蝈蝈:我们的鸣叫是靠身体背部的一对前翅相互摩擦发出的。我左边的前翅上有一个圆形的发音锉,发音锉上有许多小齿;右边的前翅上长着一个坚硬的刮器,当发音锉与刮器相互摩擦时,就会发出声音。

我们能发出各种美妙的声音,是因为每只蝈蝈发音锉的大小、小齿数量、小齿间距都不相同,也就是说我们每只蝈蝈都拥有独一无二的声音。

蝈蝈和蝉一样,只有雄性会鸣叫,雌性不会鸣叫,因为雌蝈蝈没有发音器。

蝈蝈和蝗虫有什么区别?

蝈蝈:我们和蝗虫虽属于同一目,但不属于同一科,我们属于螽(zhōng)斯科,螽斯这一科有6000多种昆虫;而蝗虫属于蝗总科。

我们的触须非常长,超过了我们的身体,而蝗虫的触须很短。另外,我们擅长鸣叫,号称昆虫界的"音乐家",在草丛和热带雨林里,能演奏辉煌的"交响乐",而蝗虫的叫声几乎听不到。

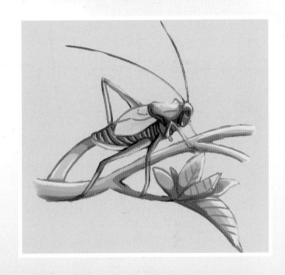

我们和蝗虫的共同点是,成年后都长着翅膀,而且都有一对巨大粗壮的后腿。

没想到吧!

蝈蝈战斗力很强,可以捕食蝗虫,捕食时它们会死死咬住蝗虫不放,任凭蝗虫挣扎,而且会边咬边吃。雌蝈蝈尾部还长着超长的马刀形产卵器,产卵时将产卵器扎进土里,产完卵还会用产卵器拨拢土将卵盖住。

蝗虫

昆虫小档案

昆虫纲—直翅目—蝗总科
栖息地：全世界热带、温带草地和沙漠地区
习性：不完全变态昆虫，喜欢群居、迁徙
食物：绿色植物
本领：跳跃、飞行、繁殖

我是臭名昭著的害虫，喜欢成群结队吞噬人类的庄稼，给人类带来严重损失。人类形容我们所到之处，寸草不生！的确，当我们饥饿，找不到足够的食物时，就会组团来打劫人类的农作物。这是我们的生活习性，也是我们生存的一种手段。我们蝗虫遍布全世界，对人类危害最大的是沙漠蝗虫，对中国危害最大的是东亚飞蝗。

为什么蝗虫喜欢群居？

蝗虫：其实，我们原本不太喜欢群居，在食物充足的时候，我们更喜欢单独生活，不喜欢被打扰。但是当食物匮乏，找不到食物时，我们就会聚集在一起，争抢食物，甚至自相残杀。这种密切接触会刺激我们体内血清素的分泌，使其含量大幅提升，这会使得我们更加乐于聚集。

另外，当我们的腿部互相碰撞时，身体就会释放苯乙腈，苯乙腈是有毒物质，可以防御鸟类，这就使我们变得更具社会性。

还有一个原因，我们一旦过上群居生活，性情就会变得非常暴躁，富有攻击性。这时候，如果谁想单独生活，就会遭到攻击，性命难保。

沙漠蝗虫最大扩散区可达 2800 万平方千米，约占全球陆地面积的 20%。

蝗虫是怎样繁殖的？

蝗虫：我们通常在沙质土壤中产卵，每只雌蝗虫一次可产 60～80 颗卵，一生（2～3 个月）至少可以产卵 3 次。大约两个星期，幼虫就能孵化出来。再经过 5 次蜕皮就能变成成虫，然后经过 2～4 个月即发育成熟，成熟后它们就可以繁殖下一代了。因此，只要环境条件适宜，我们蝗虫的繁殖数量会呈几何级数增长。

为了保护我们的后代不被鸟兽和其他昆虫发现和捕食，雌蝗虫不仅要选择合适的土壤和湿度，还要将卵产在地下 10 厘米，甚至更深的地方。

雌蝗虫尾部有非常独特的产卵器，它由两个像铲子一样的瓣膜构成，可以像挖掘机一样自由伸缩。

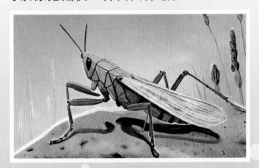

不可思议！

雌蝗虫的产卵器伸长时，长度可达雌蝗虫腹部的 2～3 倍（雌蝗虫腹部长度为 3～5 厘米）。科学家研究发现，发育成熟的雌蝗虫，当腹部产卵器伸长时，并不会损伤腹部的神经索，而人类就无法做到这一点。

蜻蜓

　　我是美丽的蜻蜓，喜欢在池塘或河边飞行。天晴的时候，我会飞得很高，天快要下雨的时候，我会飞得很低，所以被称为自然界的"天气预报员"。我喜欢捕食苍蝇、蚊子等，几乎每次都是百发百中，这得益于我头上高度发达的复眼和高超的飞行技巧。

　　蜻蜓的复眼还有分工呢！上半部分负责看远处，下半部分负责看近处，这样就可以远近皆见，一览无遗了。

昆虫小档案

昆虫纲—蜻蜓目—蜒科
栖息地：热带、亚热带地区
习性：不完全变态昆虫，喜欢潮湿的环境，在水中产卵
食物：苍蝇、蚊子等
本领：飞行、捕食、视觉发达

蜻蜓是怎样捕食的?

蜻蜓:我们有发达的复眼,它们是由多达 3 万个六边形的微小眼睛组成的,而且每个微小的眼睛都自成系统,都有各自的聚光系统和感觉系统,这让我们可以快速扫视周围的一切,像小雷达一样,敏锐地发现猎物。

一旦发现猎物,我们会迅速扑上去,因为我们的飞行速度极快,根本不会给猎物逃跑的机会。当我们靠近猎物时,就用我们的秘密武器——腿上的尖刺牢牢抓住猎物,然后用锐利的口器撕咬猎物,只需要 30 分钟我们就能吃完与我们体重相当的猎物。

为什么蜻蜓被称为"飞行王者"?

蜻蜓:首先,我们的翅膀薄如蝉翼,最薄处不到 2 微米,结构极其复杂,主脉呈四边形的网络,次脉由五边形和六边形的网络构成,这种构造使我们的翅膀更有韧性。更神奇的是,我们的翅膀前缘上方还有深色厚重的翅痣(翅眼),这可以使我们在快速飞行时,避免翅膀发生震颤,导致翅膀折断。

其次,我们不仅可以在空中随时悬停,还可以向任意角度飞行。因为我们的四只翅膀由不同的肌肉进行单独控制,飞行时互不干扰,每只翅膀的运动轨迹各不相同,这可以让我们根据自己的想法随意调整飞行方向。

知识快车!

蜻蜓仿生学

人类通过蜻蜓仿生学发明了很多科技设备。比如,模仿复眼的独特结构原理发明了复眼相机,一次可以拍摄几千张重复的照片;模仿蜻蜓翅膀上的翅痣,在飞机的两翼各加一块平衡重锤,防止飞机由于剧烈震动而发生机翼断裂。

毛虫

我是既萌又有点儿凶的毛虫，又叫毛毛虫。我的身体非常柔软，且爬行缓慢，是很多动物的美餐，不过我也不会束手就擒，因为我有自己的防御武器——伪装，能把自己与周围的环境融合在一起，不被天敌发现。常见的毛虫一般是蝴蝶和蛾类的幼虫。

昆虫小档案

昆虫纲—鳞翅目
栖息地：全世界均有分布，多在山林、田野
习性：成群活动，成长速度快，消耗大
食物：植物叶子
本领：伪装

黑斑双尾蛾遇到危险时，面部会闪现鲜艳的红斑，并使劲晃动尾巴，看起来非常凶狠可怕！

毛虫是怎样伪装的？

　　毛虫：我们各有各的伪装技术。有的把自己伪装成蛇，如柑橘凤蝶毛毛虫，它会把身体前端鼓起来，并露出身上的假眼，让鸟类误以为是蛇，从而躲避。

蝴蝶的生命周期

卵　　幼虫　　蛹　　蝴蝶

　　有的伪装成树枝，如桦尺蠖（huò），它的身体中部没有腿，可以以一种姿势静止很长时间，即使是眼睛最锐利的捕食者也很难一眼识别。

　　还有的把自己伪装成一坨鸟粪，让捕食者感到恶心，拒绝捕食。

毛虫为什么一直不停地吃？

　　毛虫：我们一生非常短暂，必须抓紧时间尽快长大，早日羽化。我们一出生就开始进食，几周的时间就可以使体重增长数百倍。

　　进食的时候，我们用腹足牢牢抓住叶片，这样就不会掉下去，然后用锋利的牙齿大嚼树叶或蔬菜，吃得越多，我们长得越大。我们优先吃叶片中最鲜嫩多汁的部分，吃完一片叶子，我们会换另一片，一棵植物的叶子吃完，我们就会转移到另一棵上继续进食。

超厉害！

不好惹的毛虫——洋辣子

　　洋辣子是一种有毒毛的昆虫，学名叫刺毛虫，俗名洋辣子，属鳞翅目刺蛾科。身体略呈长方形，初黄色，后绿色，生有毒毛，与皮肤接触后痒痛难忍。洋辣子喜阴，对强光、热、水有抗拒性，通常为群居，分布地域广泛，几乎遍布全国。

螳螂

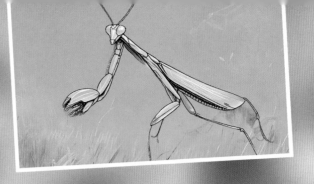

我是大名鼎鼎的"侠客"螳螂，又叫"刀螂"。我每天都在行侠仗义，替人类消灭农作物上的害虫，深受人类欢迎和喜爱。我非常擅长捕食猎物，因为我的前肢非常锋利，上面长满锯齿，就像两把带锯齿的大刀，这是我最得力的武器，加上身手敏捷、反应迅速，使我在昆虫界所向无敌。即使面对蝗虫、小蜥蜴这样的"高手"，我也敢与之抗衡，并将它们消灭。

昆虫小档案

昆虫纲—螳螂目—螳螂科

栖息地： 广泛分布于热带、亚热带和温带地区

习性： 不完全变态肉食性昆虫，益虫，生性凶猛，有同类自残现象

食物： 蚊蝇、蚜虫、叶蝉、棉铃虫、蝗虫、小鸟、小蜥蜴、蛙等

本领： 伪装，擅长捕食，头部可360°自由转动，视觉发达

螳螂捕猎前，通常将两只前足放在胸前，好像在祈祷一样。这种姿势可以帮助螳螂更好地定位猎物。

螳螂是怎样捕食的?

螳螂：我们拥有极其敏锐的视觉系统，能够快速捕捉到猎物的行动。我们的复眼不仅可以看到周围360°的视野，而且可以快速地跟随移动的猎物。

一旦发现猎物，我们会用两对后足慢慢移动，悄无声息地接近猎物，掌握好距离后，会迅速伸出前腿，瞬间抓住猎物。我们的前腿非常灵活，能够像弹簧一样迅速出击。

抓住猎物后，我们会立即将猎物咬死。我们的嘴巴非常锋利，并且咬合力非常强，能够轻松咬碎猎物的头部、颈部。

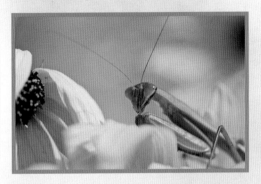

螳螂是怎样伪装的?

螳螂：作为捕猎高手，我们不仅动作灵敏，还擅长伪装。我们天生具有保护色，可以将身体伪装成绿叶或褐色枯叶、细枝、地衣、鲜花或蚂蚁，依靠这样的伪装不但可以躲过天敌，而且在接近或守候猎物时也不易被发现。

我们中最擅长伪装的要数兰花螳螂。兰花螳螂体长3～6厘米，主要待在兰花上等待猎物上门，它们的六肢

演化出了类似花瓣的构造和颜色，可以在兰花中伪装而不会被猎物察觉。

真可怕!

"妻食夫"现象

螳螂有自相残杀的现象，特别是在交配时期，这一时期是螳螂食量最大的时期。当缺乏食物时，雌螳螂会攻击雄螳螂并将其作为猎物吃掉，人们称为"妻食夫"现象。

蠼螋

蠼螋喜欢生活在枯树或落叶底下，而且喜欢夜间活动，加上样子又很凶恶，所以被人类误解成了一种恐怖的生物。

我是样子有点儿凶恶的蠼螋（qú sōu），长着长长的触须、棕褐色的外壳，尾部还有一双"大钳子"（尾钳），这是我的自卫武器。我有很多俗名——夹板子、剪指甲虫、夹板虫、剪刀虫、耳夹子虫等。有人认为我会钻进人的耳朵里，这完全是误解，我从来没有钻进过人的耳中。我喜欢钻进树皮缝隙里或阴暗潮湿的地下，以捕食昆虫（主要是害虫）为生。

昆虫小档案

昆虫纲—革翅目—蠼螋科

栖息地：广泛分布于热带、亚热带和温带地区

习性：不完全变态昆虫，益虫，喜欢潮湿阴暗的环境和夜里活动，有趋光飞行习惯，雌性有强烈母爱

食物：昆虫、植物

本领：飞行、装死、释放臭气

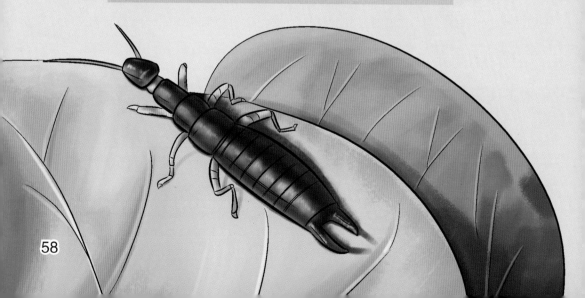

蠼螋为什么叫耳夹子虫?

蠼螋:我有两层翅膀,外翅是革翅,比较坚硬,不能用于飞行;内翅是膜翅,完全张开后会呈现两个半弧形,与人的耳朵十分相像,所以被称为"耳夹子虫"。

我还有一个名字——耳虫,这是西方人对我的称呼,意思是会钻进耳朵的虫。西方一直流传着关于我钻耳朵的恐怖传说,说我在夜里会通过人的耳朵钻入大脑,产下数千颗卵,并以人脑为食,从而使人类发疯,最终走向死亡。

其实,我根本不会钻进人的耳朵里,因为我非常胆小,而且无毒,从不会伤害人类。

蠼螋为什么被称作"爱心妈妈"?

蠼螋:我们蠼螋妈妈对孩子非常关爱,出生第一天,虫妈妈就会用口器刷弄虫宝宝周身,同时将空卵壳吃掉。虫宝宝一出生活动能力就很强,虫妈妈把洞口封闭,不让虫宝宝爬出去。

直到第五天虫妈妈才将洞口打开,到外面寻找食物,但不会远离,找到食物立即用尾钳或口器带回,之后仍将洞口封闭,然后用口器将食物嚼碎喂养虫宝宝。

第七天,虫妈妈才准许虫宝宝出洞,但是虫妈妈仍然形影不离,不时用触角将虫宝宝逐赶在一起,并时常与虫宝宝口吻相接。

第九天,有部分小蠼螋开始第一次蜕皮,这时小蠼螋已能独立生活了,虫妈妈才让小蠼螋离开洞穴。

超厉害!

逃跑小妙招

蠼螋腹部的第三节与第四节之间有一个腺囊,可以产生一种很臭的气体。遇到敌害时,它们先倒地装死,吸引敌人靠近,然后便会喷出臭气,让敌害害怕躲避,这时蠼螋便可乘机逃跑。

跳蚤

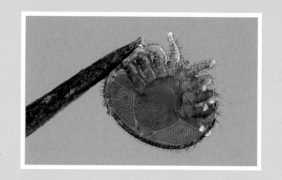

　　我是非常渺小的跳蚤，体长只有0.5～3毫米，像蚂蚁一样微不足道，虽然如此，我却有一项特殊的本领——跳跃。我能向上跳350毫米，可能你觉得这不值一提，但是别忘了，这可是我身长的数百倍呢！我不仅跳得高，还跳得远，可以跳相当于我身长350倍的距离！你说，我算不算是动物界的跳跃冠军呢？

昆虫小档案

昆虫纲—蚤目—蚤科

栖息地：世界各地，主要分布在热带地区

习性：完全变态小型昆虫，害虫，寄生，喜欢阴暗潮湿、通风不良的环境

食物：血

本领：跳跃、寄生

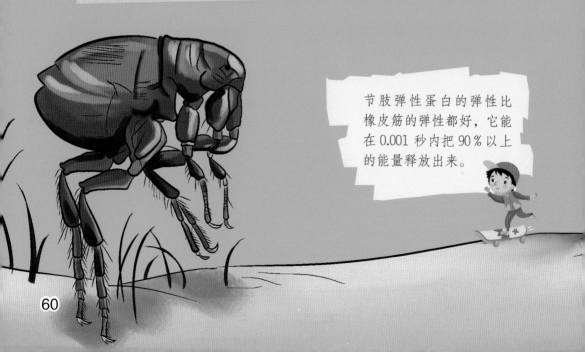

节肢弹性蛋白的弹性比橡皮筋的弹性都好，它能在 0.001 秒内把 90% 以上的能量释放出来。

为什么跳蚤跳得非常高？

跳蚤：因为我拥有发达、强健的后足。我的后足长度比整个身子还长，而且肌肉非常发达，其中还含有一种专门负责跳跃的蛋白质——节肢弹性蛋白。

节肢弹性蛋白是一种像橡皮筋一样富有弹性的物质，它位于我的胸腔和后足之间。当它收缩时，便会产生一股强大的爆发力，使我像离弦之箭一样被弹射出去。

此外，我的前足和中足也可以后蹲，用来协调整个身子的灵活性，这就更增强了我的跳跃能力。

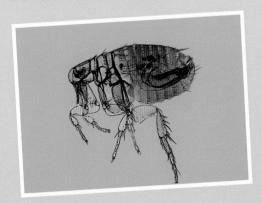

跳蚤为什么要吸血？

跳蚤：吸血是我们成年跳蚤摄取营养的唯一途径，只有吸到足够的血量，我们才能交配、繁殖。不同的跳蚤，一天内吸血的次数和吸血的量各不相同。比如，头蚤24小时的吸血量多达13～17毫升，足足超过其体重的20～30倍，简直称得上是"吸血鬼"了。

人类讨厌我们并不是因为我们吸血，而是因为我们传播疾病。比如，给人类带来重大死亡的鼠疫杆菌，就

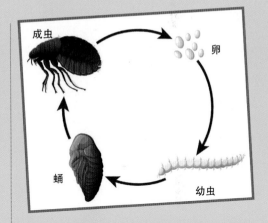

是通过老鼠身上的跳蚤（鼠蚤）传染给人类的。

不可思议！

跳蚤的外壳非常坚硬，可以承受比自身重90倍的重量，所以即使是重压，也很难将它们压死。如果人类有这样的外壳，那么，就算是从1000米的高空跳下来，也会安然无恙！

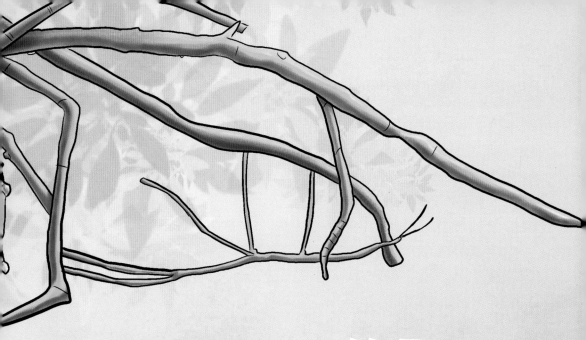

竹节虫

　　我是世界上最长的昆虫，体长可达62厘米。我不仅体形世界最长，而且是世界上最擅长伪装的昆虫。当我趴在一根树枝上时，你根本看不出我和树枝的区别，这就是我的超级伪装术。我们竹节虫家族非常古老，早在2亿多年前就生活在地球上了，目前，我们家族在全世界共有2200多种，其中中国仅有20多种。

竹节虫有哪些伪装和防御天敌的本领?

竹节虫:我们伪装和防御天敌的本领非常多。首先,我们可以隐匿。我们的体色常为绿色或棕色,体色还会随着湿度、温度、光的强弱,以及植物茎干或叶片的颜色而变化,进而将整个身体与周围的环境融为一体,躲避天敌。

其次,我们可以拟态。当我们栖息在树枝或竹枝上时,活像一枝枯枝或枯竹,很难分辨。

另外,我们还会左右摆动身体,看起来就像风中摇曳的枝条或树叶。当受到惊扰或被天敌捕获时,我们还会假死,或者迅速从枝干上坠落,在周围的植物碎屑或叶片的掩盖下成功逃脱。

竹节虫被天敌捕获后会自动断肢,逃之夭夭,它们的断肢还会再生。

竹节虫的体色为什么会变化?

竹节虫:我们的体色变化主要与温度、环境有关。如果温度过高或过低,光线较暗,我们的体色就会变深,相反则会变浅。

我们主要生活在热带、亚热带地区,那里白天温度很高,光线也很强烈,如果我们不改变体色,很容易被天敌发现。而晚上,温度降低,光线昏暗,我们需要出来活动,也必须把体色变得和夜色很像,这样才不容易被天敌察觉。正是通过这种节奏性的体色变化,我们才能隐藏自己、保护自己。

小秘密!

竹节虫的繁殖非常特别,一般交配后将卵产在树枝上,要经过一两年的时间幼虫才能孵化出来。有些虫妈妈不经交配也能产卵,生下没有爸爸的后代,这种生殖方式叫作孤雌生殖。竹节虫的卵很大很硬,看起来像种子,虫妈妈产卵的时候,像播种一样,很多时候还会和便便一起排出。

图书在版编目（CIP）数据

昆虫记 / 梦学堂编 . –– 北京 : 北京日报出版社，
2024.6

（带着科学去旅行 : 中国少年儿童百科全书）

ISBN 978-7-5477-4763-6

Ⅰ . ①昆… Ⅱ . ①梦… Ⅲ . ①昆虫－少儿读物 Ⅳ .
① Q96–49

中国国家版本馆 CIP 数据核字（2023）第 254814 号

带着科学去旅行：中国少年儿童百科全书

昆虫记

责任编辑： 辛岐波

出版发行： 北京日报出版社

地　　址： 北京市东城区东单三条 8–16 号东方广场东配楼四层

邮　　编： 100005

电　　话： 发行部：（010）65255876

　　　　　　总编室：（010）65252135

印　　刷： 新生时代（天津）印务有限公司

经　　销： 各地新华书店

版　　次： 2024 年 6 月第 1 版

　　　　　　2024 年 6 月第 1 次印刷

开　　本： 710 毫米 ×1000 毫米　1/16

总 印 张： 40

总 字 数： 588 千字

定　　价： 248.00 元（全 10 册）